U0162548

冒险岛
数学奇遇记63

几何世界大冒险

〔韩〕宋道树／著　〔韩〕徐正银／绘　张蓓丽／译

台海出版社

北京市版权局著作合同登记号：图字 01-2023-0096

코믹 메이플스토리 수학도둑 63© 2018 written by Song Do Su & illustrated by Seo Jung Eun
& contents by Yeo Woon Bang
Copyright © 2003 NEXON Korea Corporation All Rights Reserved.
Simplified Chinese Translation rights arranged by Seoul Cultural Publishers, Inc., through
Shinwon Agency, Seoul, Korea
Simplified Chinese edition copyright © 2023 by Beijing Double Spiral Culture & Exchange
Company Ltd.

图书在版编目（CIP）数据

冒险岛数学奇遇记.63，几何世界大冒险 /（韩）宋
道树著；(韩) 徐正银绘；张蓓丽译. -- 北京：台海
出版社, 2023.2（2023.11重印）
ISBN 978-7-5168-3447-3

Ⅰ.①冒… Ⅱ.①宋… ②徐… ③张… Ⅲ.①数学 –
少儿读物 Ⅳ.①O1-49

中国版本图书馆CIP数据核字（2022）第221777号

冒险岛数学奇遇记.63，几何世界大冒险

著　　者：〔韩〕宋道树	绘　　者：〔韩〕徐正银
译　　者：张蓓丽	

出 版 人：蔡　旭	策　　划：双螺旋童书馆
责任编辑：徐　玥	封面设计：刘馨蔓
策划编辑：唐　浒　王慧春	

出版发行：台海出版社
地　　址：北京市东城区景山东街20号　　邮政编码：100009
电　　话：010-64041652（发行，邮购）
传　　真：010-84045799（总编室）
网　　址：www.taimeng.org.cn/thcbs/default.htm
E－mail：thcbs@126.com

经　　销：全国各地新华书店
印　　刷：固安兰星球彩色印刷有限公司
本书如有破损、缺页、装订错误，请与本社联系调换

开　　本：710毫米×960毫米	1/16
字　　数：186千字	印　　张：10.5
版　　次：2023年2月第1版	印　　次：2023年11月第2次印刷
书　　号：ISBN 978-7-5168-3447-3	

定　　价：35.00元

前 言

《冒险岛数学奇遇记》第十三辑，希望通过综合篇进一步提高创造性思维能力和数学论述能力。

　　不知不觉，《冒险岛数学奇遇记》已经走过了 11 个年头。这都离不开各位读者的支持，尤其是家长朋友们不断的鼓励和建议。这期间，我也明白了什么是"一句简单明了的解析、一个需要思考的问题，能改变一个学生的未来"。在此，对一直以来支持我们的读者表示衷心的感谢。

　　在古代，"数学"被称为"算术"。"算术"当中的"算"字除了有"计算"的意思以外，还包含有"思考应该怎么做"的意思。换句话说，它与"怎么想的"，即"在这种情况下该怎么解决呢"里面"解决（问题）"的意思是差不多的。正因如此，数学可以说是一门训练"思维能力与方法"的学科。

　　小学五年级以上的学生应该按照领域或学年对小学课程中所涉及的数学知识点进行整理归纳，然后将它们牢牢记在自己的脑海里。如果你是初中学生，就应该把它当作一个查漏补缺、巩固基础的机会，将小学、初中所学的知识点贯穿起来，进行综合性的归纳整理。

　　俗话说"珍珠三斗，串起来才是宝贝"，意思是再怎么名贵的珍珠只有在串成项链或手链之后才能发挥出它的作用。若是想在众多的项链中找到你想要的那条，就更应该好好收纳整理。与此类似，只有在脑海当中对数学知识和解题经验有一个系统性的整理记忆，才能游刃有余地面对各种题型的考试。即便偶尔会犯一些小错误，也能立马就改正过来。

　　《冒险岛数学奇遇记》综合篇从第 61 册开始，主要在归纳整理数学知识与解题思路。由于图形、表格比文字更加方便记忆，所以从第 61 册开始本书将利用树形图、表格、图像等来加强各位小读者对知识点的记忆。

　　好了，现在让我们一起朝着数学的终点大步前进吧！

出场
人物

哆哆

因参加国王之战而来到血泪之星的反抗军总司令，在打败了发禄一党之后率领众人继续战斗。

宝儿

命中注定能够一统魔法界登基为帝的少女，为了救出德里奇，在成为神龙雇佣兵团的副团长之后，前往了猫之城的地下监狱。

德里奇

宝儿的御前侍卫，也是魔法界神龙雇佣兵团的团长，由于受到希拉的陷害被关进了猫之城的地下监狱。

前情回顾

在神龙雇佣兵团见到德里奇之后，宝儿为了成为副团长决定加入决斗。另一边，哆哆在森林里意外碰见了心城最大暴力组织"地格吉家族"的继承人——地格吉，虽然他们二人成了朋友，但是阿鲁鲁却与地格吉水火不容……

✏️ 希拉

伪装成舞女的女巫，利用尼科王子和德里奇来实现自己建立黑魔法世界的阴谋。

📖 阿鲁鲁

心城第一大名门望族的子弟，被发禄抓起来关进了监狱，但却凭着家族的独门秘技战胜了发禄。

📐 尼科

魔法界猫之城的城主，被希拉所骗误以为德里奇抢了自己身边最好的朋友玛尔公主，并喝下魔法药成了希拉的傀儡。

⚙️ 发禄

发禄家族的继承人，在与阿鲁鲁的决斗中失败了之后，放弃了国王之战，回到了位于心城的家。

目录

193 长胖的阿鲁鲁

第193章-1
判断题

曲面上无法画出直线，只能画出来曲线。

正确答案 × （解析见第165页）

看来他对贵族的偏见很深啊。说什么谎言和背叛，我们贵族宁愿死也不会干那些事儿的……

吃
吃

发禄二世这个家伙不晓得在干什么。

正确答案　④（解析见第 165 页）

说得没错。少爷您一定会打败血泪之星上的所有队伍……

成为"血泪之星的统治者"。

敬礼

笨蛋，血泪之星的统治者又算什么东西呀。

一震

既然打败了血泪之星上的所有队伍，那就是会成为国王之战最终胜者的意思……

这么一来，少爷就应该是"心城的统治者"才对。

敬礼

你个傻瓜，
就因为这样我才说你笨！

像少爷这样的大人物，区区一个心城怎么可能就够了呢？他一定会成为"整个宇宙的统治者"。

你的脑子就只能想到这儿？

少爷的能耐岂是一个宇宙就能装下的。他可是要跨越时间的界线，成为过去、现在、未来的统治者。

啊，时间的统治者啊……

就没有比这更厉害的了吗？

真想把耳朵堵起来。

行了……我们吃点东西吧。

卡珊德拉，我们的食物还很充足吧？

那当然了，冰柜中堆满了各种各样的食材。

嗯……那吃什么好呢?

把火烧起来,我们来烤地瓜……

我们马上去准备!

起身

速度快点,我饿了……

嗖呜

大怒

刚……
刚才那是什么？

是昨天被我们赶走了的地格吉。这家伙会地行术。

我只有一个打火机呀，现在怎么办？

您无须担心，还有其他的生火方法。

这不正是我们野营的乐趣吗？

正确答案　②（解析见第165页）

转来
转去

汗水

唉……好累啊。
这火怎么还没
生起来啊?

你们就不能快点吗?

啊……遵命!

交换一下。

我们才交换多久啊,
你又要交换?

第193章　21

用点画成的线被称为虚线，相较之下，连续而不间断的线被称为（ 　 ）。

难道就没有什么食物是不用生火就能吃的吗？

大步 大步 大步

要不给您来点水果？

那只是零食！水果怎么能代替饭呢？我又不是猴子！

大怒

也是……水果是不能代替饭的。

快快

正确答案　实线（解析见第165页）

说什么呢？
我一个饿了几天
的人……

啊，我突然
想到了一个
好主意！

我们去挖点萝卜吃怎
么样？那个不是不需
要火也能吃嘛。

我们马上就去挖。

说得没错！

你们挖到了的
话，也给我分
一点吧。

连着吃了几天肥腻
腻的肉，正好想吃
点爽口的萝卜了。

黑科尼昂，
你做人可不能那样。

我怎么了？

你不要老是那么奉
承少爷，难道你都
不觉得丢人吗？

你也好意思说这话，
一个最会阿谀奉承*
的大马屁精……

*阿谀奉承：指曲从拍马，迎合别人，竭力讨好别人。

运用图像、树形图、表格**理解记忆**

1 | 基本图形与相关术语

领域 图形　　**能力** 概念理解能力

　　《冒险岛数学奇遇记 63》综合整理了基本图形、平面图形、立体图形等有关于图形的知识。不论是相关的术语，还是使用符号的几何表现法，都无一遗漏被囊括了进来。

[表] 基本图形

点	没有长度、幅度、厚度，只能表示位置的图形基本要素。　点 P　$\cdot P$
线	由点的移动形成的图形，只有长度，没有幅度、厚度。 直线：笔直的线。 曲线：弯曲的线。 A　B　　A　B　　A　B 直线 $AB = AB = BA$　　射线 $AB = AB \neq BA$　　线段 $AB = AB = BA$ 实线：连续未断的线。 虚线：以点或非常短的线段构成的断续的线。 折线：多条线段首尾依次相接组成的曲折连线。
面	由线的移动形成的图形。 平面：平平整整的面，经平面内任意两点的连线整个都在此平面内。 曲面：不平整有弧度的面。[例]球面、圆锥的侧面。
角	具有公共端点的两条射线组成的图形。 角的大小=角度　角度的单位采用六十进制 $1°$（度）$=60'$（分），$1'=60''$（秒） $\angle O$ 或者 $\angle x$ 或者 $\angle AOB = 30°$ 顶点 O　x）$30°$　B　A

基本图形间的关系

◆ 一条直线上，两点之间的部分为**线段**。
　位于线段两端的两个点是**端点**。
　线段两个端点之间的距离为这条线段的**长度**。

◆ 若三个以上的点位于同一条直线上，那么这些点被称为
　共线点。

◆ 若三条以上的直线交汇于一个点，那么这些直线被称为
　共点线。

◆ 若四个以上的点位于同一平面，则这些点为**共面点**。

◆ 若三个以上的平面相交于一条直线，那么这些平面被称为
　共线平面。

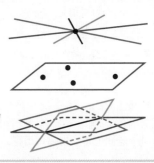

垂直关系与平行关系

◆ 垂直关系

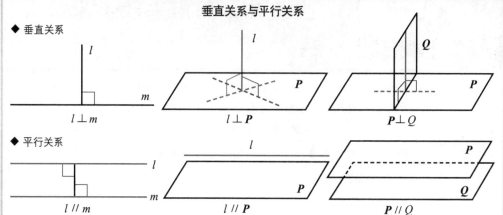

$l \perp m$ $l \perp P$ $P \perp Q$

◆ 平行关系

$l // m$ $l // P$ $P // Q$

依照角度对角进行分类

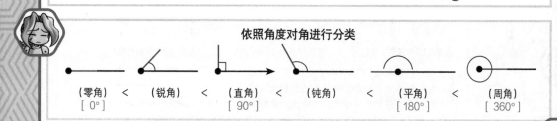

（零角） < （锐角） < （直角） < （钝角） < （平角） < （周角）
[0°]   [90°]   [180°]   [360°]

角之间的关系

◆ 涉及两角之和的关系

若∠A +∠B =90°，
则∠A与∠B互为余角。

若∠A +∠B =180°，
则∠A与∠B互为补角。

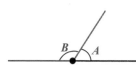

若∠A +∠B =360°，
则∠A与∠B互为共轭角。

◆ 涉及两角位置的关系

∠a与∠c为对顶角，∠a = ∠c；
∠b与∠d为对顶角，∠b = ∠d。

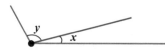

有公共顶点和一条公共边，并且它们的另一条边，分别在
这条公共边的两侧的两个角，叫作邻角。∠x与∠y为邻角。

◆ 两条直线与截线之间产生的位置关系

同位角：∠a与 ∠e, ∠b与 ∠f, ∠c与 ∠g, ∠d与 ∠h

（ 内角：∠c, ∠d, ∠e, ∠f   外角：∠a, ∠b, ∠g, ∠h ）

内错角：∠d与 ∠f, ∠c与 ∠e   外错角：∠a与 ∠g, ∠b与 ∠h

同旁内角：∠d与 ∠e, ∠c与 ∠f   同旁外角:∠a与 ∠h, ∠b与 ∠g

[参考] 若同位角或内错角相等，则两条直线平行。

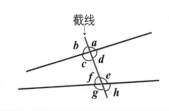

截线

194 哆哆的反击

你竟然还没死?

哈……

看来你们还不知道我有个外号,叫作"轻易死不了的哆哆"啊。

是吗?

怒视

铮

那我们就给你改个名字,叫作"最终还是要死的哆哆"。

你们……刚才说的是"我们"这两个字吗?

莫非你们两个觉得单打独斗是赢不了我的,这么没有信心?

胡说!就你这种小不点儿,我一拳头就解决了。

那就是说我这种水平,你们随便出一个人就行了?

那是当然!

那我就有点不能理解了。

什么?

这只是我自己好奇而已啊。既然你们自己都说了,出一个人就能把我打倒,那你们只来一个人就够了呀。这样的话还能从你家少爷那儿得到双份的称赞呢,为什么你们要两个人一起上呢?

这个顺序就由我来帮你们定吧。

怎么定?

我出一道题,谁先回答出来,我就先跟谁比试。

嘻嘻

出题可以!

哎呀,我讨厌做题!

既然有人不同意,那就不行了。要不还是一起上吧。

你为什么老是这个样子?试都没试就说不行,怎么能这样呢?

我对答题这种事儿一点信心都没有。我从来就没有答对过。

也不一定非得要自己答对才算啊，问别人也可以呀。比如说……

你可以问问卡珊德拉……

能这样的话就行！

可以，你出题吧。

说好了，你一会儿可别赖账啊。

嘿嘿

你别赖账才是。卡珊德拉可比你聪明多了。

好了，我要出题了。这是一道关于时间的问题。答对的人就能知道，明天跟我决斗的时间，是定在什么时候了。

正确答案　×（解析见第165页）

决斗开始前 4 个小时的时候，正好是凌晨 4 点到下午 4 点的中间时刻。

好，我们就明天那个时候见吧。

第194章-2
选择题

当两个角之和为 90° 时，这两个角之间是什么关系？
①共轭角关系　②邻角关系　③余角关系　④补角关系

第194章　43

那题目还是你自己去解吧……

这……这可怎么办？黑科尼昂那家伙肯定会解出来的……

我可不想见到那家伙得意扬扬的样子……

呜呃

我照你说的做，卡珊德拉！

嘻嘻

 正确答案　③（解析见第 165 页）

这种小打小闹有什么好练习的呀。

他们两个可是心城里数一数二的战士。不是什么好对付的人物。

数一数二，那加一起不就是三？

哈哈哈，我这个笑话怎么样？

冷得我骨头都快冻住了。

也到了有人该出现的时候了。

来了，我到了！

转

凌晨 4 点与下午 4 点的中间时刻，就是上午 10 点，比它晚 4 个小时，那就是下午 2 点！

哈哈，回答正确。你一个人？

那当然了。塔罗玛西斯那个傻瓜怎么可能解得出来呢！

所以我让他去问卡珊德拉啊。

看来你不知道，卡珊德拉可是个超级小气鬼*，根本就不会帮助别人。

哈，原来如此。那也行。

*小气鬼：指自私又吝啬的人。

看来这家伙不仅是没有眼睛啊，而且连脑子都没有。他竟然打算在这种地方挥舞他那把长剑。

这么一看……

一定会变成这样的。

②（解析见第 165 页）正确答案

哈哈，看来这场比试马上就要结束了。

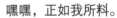

嘿嘿，正如我所料。

截线（解析见第 166 页）

运用图像、树形图、表格**理解记忆**

2 各种图形的分类

| 领域 图形 | 能力 概念理解能力 |

在图形领域当中，图形大致可以分为平面图形与立体图形两种。

若我们想了解平面图形，就要想到"它是由直线还是曲线构成的""有几条边""每条边的长度是多少""有几个顶点""角的大小是多少""是不是轴对称图形""是否有平行面或垂直面"等问题。

三角形的分类

三角形可以根据"三条边的长度"或"内角的大小"来分类。

[根据三条边的长度分类]

　　不等边三角形：三条边的长度都不相等的三角形。

　　等腰三角形：有两条边长度相等的三角形。

　　等边三角形=正三角形：三条边长度都相等的三角形。

[根据内角的大小分类]

　　锐角三角形：三个角都为锐角的三角形。

　　直角三角形：有一个角为直角的三角形。

　　钝角三角形：有一个角为钝角的三角形。

[综合角与边分类]

　　等腰锐角三角形：

　　等腰直角三角形：

　　等腰钝角三角形：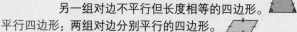

四边形的分类

四边形的种类如下所示。

　　梯形：只有一组对边平行的四边形。

　　等腰梯形：一组对边平行（长度不相等），
　　　　　　　另一组对边不平行但长度相等的四边形。

　　平行四边形：两组对边分别平行的四边形。

　　长方形：四个内角相等的四边形。

　　菱形：四条边长度相等的四边形。

　　正方形：四条边长度相等且四个角都为直角的四边形。

除了这些之外，如下所示，还有相交的两条边长度相等的两种四边形。

　　筝形 　，燕尾形

另外，根据其是否凹陷，可将四边形分为凸四边形和凹四边形。

　　凸四边形：内角角度没有大于180°的四边形。

　　凹四边形：把四边形的某些边向两方延长，其他各边有不在延长所得直线的同一旁的四边形。[例] 燕尾形

多边形、圆形及其他图形

三角形、四边形这种由n条边围成的且有n个角的平面图形就是n边形或多边形。如果每条边的长度全部相等，每个角的大小也全部相等，那么这种n边形就叫作正n边形或正多边形。

除了多边形以外，还有下面这些平面图形：

圆形 ，半圆形 ⌒，椭圆形 ⬭，五角星形 ★，六角星形 ，

半月形 ◑，环形 ◎。

我们在观察立体图形的时候，要注意"是由平面组成的，还是曲面组成的""有几个面""有几条棱""有几个顶点""每个面是什么平面图形""是否有平行面或垂直面"等问题。

立体图形的分类

一个多面体有两个面互相平行且相等，余下的每个相邻两个面的交线互相平行，这样的多面体称为柱体，其中底面为多边形的是棱柱；底面为圆形的是圆柱。另外，若上下底面对应顶点之间的线段与这两个底面垂直，就要在名字前面加上"直"字；相反，则加上"斜"字。长方体就属于直棱柱的一种。

直三棱柱　　斜三棱柱　　直圆柱　　斜圆柱
　　　棱柱　　　　　　　　　圆柱

由底面为平面图形的各个点向它所在的平面外一点（顶点）依次连接线段而构成的立体图形叫作锥体。底面若为多边形，则叫作棱锥；底面若为圆形，则是圆锥。

三棱锥　　　圆锥　　　四棱台　　　圆台

锥体

台体

> 锥体的底面和平行于底面的一个截面间的部分就是台体。

由若干个多边形所围成的几何体称为多面体，如果每个面都是全等的正多边形，并且各个多面角都是全等的多面角，这样的多面体就是正多面体。如右图所示，正多面体只有这5种。

正四面体　　正六面体　　正八面体　　正十二面体　　正二十面体

如下图所示，一条平面曲线绕着它所在的平面内的一条定直线旋转一周所形成的封闭几何体被称为旋转体。

  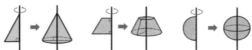

圆柱　　　　圆锥　　　　圆台　　　　球体　　　圆环体

195 阿鲁鲁的拳头

恭喜你，终于轮到你上了。

当然了，如果你不想比试的话，也是可以的。

废什么话！你觉得我会放弃这么好的机会吗？

若一个三角形的某个角是锐角，那么这个三角形就是锐角三角形。

我赢了！

哆哆大哥！

我自己一个人就立下了这么大一个功劳，这下我肯定能独享少爷的宠爱*……

转

*宠爱：指因喜欢而偏爱。

嗖呜呜

正确答案　×（解析见第 166 页）

这是什么味道啊?

闻
闻

难道这是我的肉被烧了的味道?

嘻 嘻

这也太吓人了!

哆哆大哥的笑话,用"冷"来形容远远不够,简直就是冻到了人的骨头里。

哈哈哈,开个玩笑。

嗖

现在轮到我进攻了吧?

等一下,我们先休息一下再继续吧。

为什么要休息啊?

啊,莫非你的电击使用了一次之后就没电*了?

这……这反应也太快了吧!

*没电:指电池之类的物品里面所储蓄的电量用完耗尽了。

我使的是吸吸剑法,这种剑法可是能够吸收对方的能量的。也就是说,你放出来的电能全都充进我的剑里去了。

现在总算恢复到之
前的体重了。

③（解析见第166页）

他们可不是出去玩儿了，而是找我讨打去了，这不被打得落花流水的。你也别教训得太凶了。

没用的东西！

你想要什么？

我要什么这不是明摆着的吗？你们收拾东西给我离开这里，这里可是我们的家。

我要是不呢？

既然你不听劝的话，那就只能打一架了。

我们两个单打独斗，一场定胜负。不能使用武器，只能赤手空拳地打。谁赢了谁就是这座城堡的主人！

这可真是个好想法。

惊

哆哆，这家伙就交给我吧。

知道了……

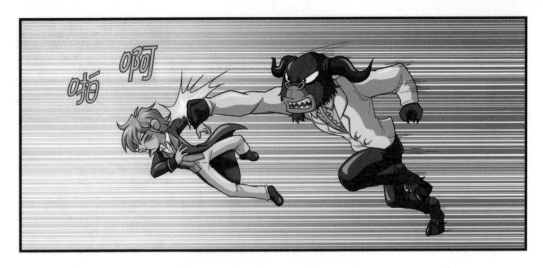

卑鄙的家伙，竟然趁别人没准备好就偷袭！

*突袭：指趁敌人不注意的时候，突然发起攻击。

愚蠢的家伙，你连突袭*都不知道？

很好，那我就来好好会会你。

下列哪个正多面体是不存在的？

①正四面体　　②正六面体　　③正八面体　　④正十面体　　⑤正十二面体

少爷这是要使用发禄家族的独门秘技——钢铁拳啊。这么一来，胜利肯定是属于我们的！

不是说好赤手空拳地打嘛，使用这种独门秘技算犯规吧！

不要紧，哆哆。

哐叽

正确答案　④（解析见第166页）

可不只有你一个人拥有独门秘技，我们家也是有"金刚山豪拳"的。

呃啊！

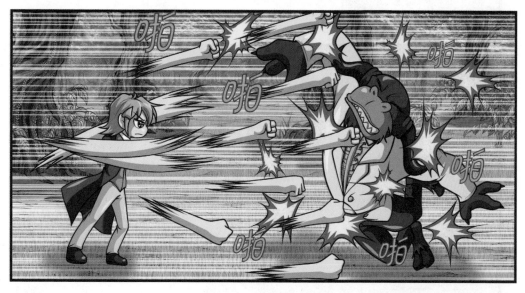

我……投降!

在一个三角形中，如果只有两条边长度相等，那么这个三角形叫作（　　　）。

正确答案　等腰三角形（解析见第166页）

少爷，请不要太过失望。我们一定会找到比这更好的驻地的。

不！

我要回家，回心城！

您不继续参加国王之战了吗？

嗯，我不想继续了。

*辅佐：指帮助和协助比自己地位高的人。

可是主人一定会责备您的。

那就只能听他唠叨几句了。这不要紧，我一哭爸爸他就束手无策了。

不过你们三个可是要做好准备了！毕竟是你们没有辅佐*好我，这责任你们是推不掉的！

走吧。

大步 大步 大步

卡珊德拉，你不走啊？

拍

嗯，我不走了！

为什么？

*喜好：喜欢；爱好。／ *腻烦：因次数过多或时间过长而感到厌烦。

大吼

还能是为什么？为了迎合你的喜好*，我要点头哈腰。这我已经腻烦*了，我受够了。我不会再这样下去了，现在我要跟你一刀两断！

運用图像、树形图、表格理解记忆

归纳整理数学教室

3　平面图形的测量

领域　图形 / 计量　　能力　数理计算能力 / 理论应用能力

一个由竖着有 m 个小正方形、横着有 n 个小正方形组成的长方形，它的面积等于小正方形面积的 $m \times n$ 倍。通过这一原理，我们就容易理解其他求平面图形面积的公式了。

我们把常见的几何图形的面积公式整理如下：

三角形和四边形的面积

常用的面积单位有平方米（m^2）、平方分米（dm^2）、平方厘米（cm^2）等。

[长方形的面积]　　　　　　　[三角形的面积]

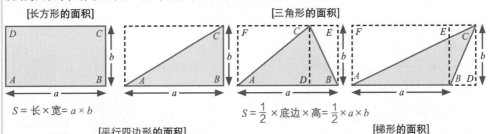

$S = 长 \times 宽 = a \times b$ 　　　　$S = \dfrac{1}{2} \times 底边 \times 高 = \dfrac{1}{2} \times a \times b$

[平行四边形的面积]　　　　　　　　　　[梯形的面积]

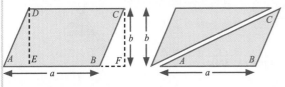

$S =$ 长方形 $EFCD$ 的面积 $=$ 长 $\times$ 宽 $= a \times b$

或是三角形 ABC 的面积 $\times 2 = \dfrac{1}{2} \times a \times b \times 2 = a \times b$

两个相同的梯形倒着拼起来，可以组成一个平行四边形。

$S = \dfrac{1}{2} \times$ 平行四边形的面积 $= \dfrac{1}{2} \times (a+b) \times h$

[菱形、筝形、燕尾形的面积]

菱形　　　　　　　　　筝形　　　　　　　　　燕尾形

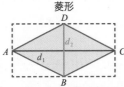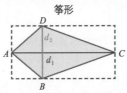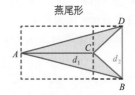

上面菱形、筝形、燕尾形的面积等于红色虚线组成的长方形面积的一半。

由此可得，它们的面积 $S =$ 两条对角线的乘积 $\times \dfrac{1}{2} = \dfrac{1}{2} \times d_1 \times d_2$。

一个边长为 a 的正多边形，其面积 S 的计算公式已整理成下表。这个正多边形外接圆半径 R 与内切圆半径 r 的大小也一同整理总结了出来，请大家参考。

	正三角形	正方形	正五边形	正六边形	正八边形	正十边形	正十二边形
S	$\dfrac{\sqrt{3}}{4}a^2$	a^2	$\dfrac{\sqrt{25+10\sqrt{5}}}{4}a^2$	$\dfrac{3\sqrt{3}}{2}a^2$	$2(1+\sqrt{2})a^2$	$\dfrac{5\sqrt{5+2\sqrt{5}}}{2}a^2$	$3(2+\sqrt{3})a^2$
R	$\dfrac{\sqrt{3}}{3}a$	$\dfrac{\sqrt{2}}{2}a$	$\dfrac{\sqrt{50+10\sqrt{5}}}{10}a$	a	$\dfrac{\sqrt{4+2\sqrt{2}}}{2}a$	$\dfrac{\sqrt{5}+1}{2}a$	$\dfrac{\sqrt{2}+\sqrt{6}}{2}a$
r	$\dfrac{\sqrt{3}}{6}a$	$\dfrac{a}{2}$	$\dfrac{\sqrt{25+10\sqrt{5}}}{10}a$	$\dfrac{\sqrt{3}}{2}a$	$\dfrac{1+\sqrt{2}}{2}a$	$\dfrac{\sqrt{5+2\sqrt{5}}}{2}a$	$\dfrac{2+\sqrt{3}}{2}a$

（a＝一条边的长度，r＝内切圆半径＝边心距，R＝外接圆半径，S＝面积）

在求多边形的周长和对角线长度的时候，常常会用到能体现直角三角形底边、高、斜边之间关系的"勾股定理"。

勾股定理

假设直角三角形的斜边长为c，两条直角边的长度分别为a、b，那么$a^2 + b^2 = c^2$成立。

[例]若底边长为4 cm、高为3 cm，因为$4^2+3^2=25=5^2$，所以斜边为5 cm。

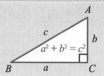

在平面图形当中，圆形是非常重要的图形。从右图我们可以非常清楚地知道圆形各个部分的名称。

圆形的周长等于圆周率乘直径。圆周长与直径的比就为圆周率，用字母π表示。

$\pi=$ 圆周长 $\div$ 直径 $=3.141592\cdots\cdots$，通常我们会取其近似值3.14（可参考《冒险岛数学奇遇记39》第55页）。

在一个半径为r的圆中，圆形的面积$=\pi\times r^2$，且圆心角为$\alpha°$的扇形面积$=\pi\times r^2\times\dfrac{\alpha}{360}$。

半径为r且弧长为l的扇形面积$S=\dfrac{1}{2}\times l\times r$，当我们把扇形看作一个三角形时，就会发现这个公式与三角形的面积公式是差不多的。在这里大家需要掌握的是，$\dfrac{l}{2\times\pi\times r}=\dfrac{\alpha}{360}$这个关系式是成立的。（$S=\pi\times r^2\times\dfrac{\alpha}{360}=\pi\times r^2\times\dfrac{l}{2\pi r}=\dfrac{1}{2}\times l\times r$）

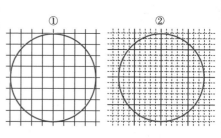

$\overset{\frown}{AB}=l=2\pi r\times\dfrac{a}{360}$

不规则图形的面积可以使用下列方法来求出近似值。

将透明的方格纸盖到图形上面，包含在图形内的方格就算一整个，相反，如果只有一部分包含在图形内就算半个，这样先计算出方格的数量，再乘方格的面积（基本单位）就能得出图形面积的近似值了。

例如，将一个半径为8 cm的圆分别画在图①这张2 cm×2 cm的方格纸，以及图②这张1 cm×1 cm的方格纸上面。我们就可以从①计算出圆的面积为（32+28÷2）×4=184（cm²），而从②计算出的面积为（164+60÷2）×1=194（cm²）。我们使用圆周率计算这个圆的面积为（取π=3.14）

8×8×3.14=200.96（cm²），可以看出它与利用小方格计算出的值更为接近。这也是情理之中的答案。

由于平面图形的周长计算起来比面积更为简单，所以在此就不再详述。不过，大家还是要牢记在这两种情况下计算出的周长是不变的。

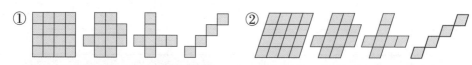

卡珊德拉，你……

疯了吗？

你们清醒点！难道你们不知道回到心城发禄公馆之后，等待你们的会是什么吗？

追究国王之战失利的责任，对你们进行拷问……不，也有可能会是刑罚。

也对……主人就是这样的人。

即便知道会这样，你们还要回去？我不回去，我要留在这里！

卡珊德拉，你会后悔的！

我们走。

转

你们愣着干什么，还不跟上？

那个，少爷……

我昨天答应了卡珊德拉，以后要无条件服从*她的命令。

你说什么？

*服从：指听从、依顺别人的意见或命令。

呼嗒嗒

我也要留下来。

你们这些叛徒!

我们走!

黑科尼昂，
莫非你也要……

对不起。

如果正 n 边形中的 n 无限增大，那么这个正 n 边形会接近圆。

（解析见第166页）

说的也有道理*。

他一剑就把我们两个都给制服*了。

你们这是怎么了？我没有这个能耐！

跳脚

跳脚

*道理：事情或论点的是非得失的根据；理由；情理。 / *制服：用强力或气势压制使人屈服。

我也认为哆哆大哥将会是最后的优胜者。

你干吗也这样？

虽然有点伤我的自尊心，但是我也不得不承认，哆哆你是一个真正的强者。

也是一个真正的领导者。

你们怎么越来越……

在图形领域当中，下列哪种形状被称为弓形？

① 　② 　③ 　④

这里有一个好消息。
我们收到了一位贵人
送来的邀请。

是哪位贵人呢?

如果我们能让他满意,
成功跟他签订契约的话,
以后我们就是皇帝的亲卫队了。
团长您就是亲卫队的队长。

一位这么厉害的英雄,
莫非他是……

是一位英雄中的英
雄,他定会统一魔
法界登基为帝。

正确
答案　①（解析见第 166 页）

猫之城的……

没错，就是尼科王子殿下！

惊

他邀请我们过去住一宿*。

紧张

这是真的吗？

*一宿：意思是一夜。

该来的总还是会来。看来一直疯狂寻找我行踪*的王子殿下，最终还是知道了我在这里！

泪眼

*行踪：行动的踪迹。

欢迎欢迎。

第196章-3
选择题

不能使用两条对角线的乘积乘 $\frac{1}{2}$ 来求出面积的四边形是哪个？（鸢形和燕尾形可以参考数学教室）
①正方形　②菱形　③鸢形　④燕尾形　⑤长方形

第196章　101

神龙雇佣兵团团长德里奇拜见王子殿下。

舞女希拉见过王子殿下。

请起，两位可是以朋友的身份被我邀请来的。

*不敢当：指承受不起、不敢接受。多用以表示谦让。

不必这么拘谨，大家随意聊聊。

不敢当*，不敢当。

⑤（解析见第166页）

正确答案

果然十分优秀，德才兼备，连肚量也担得起英雄的称号。

不过……你们不是说会来三位的吗？

是的，本来副团长也是要来的……

可她突然身体不舒服……

她吃了十二碗饭，肚子都快撑破了。

尬尬

这样啊……

好了，我们先去晚宴会场吧。

王子殿下……

哦，来得正好。

正确答案　圆周率（解析见第 167 页）

这是玛尔公主。

是。

打个招呼吧，玛尔。
他们就是大名鼎鼎的
神龙雇佣兵团。

团长德里奇
参见公主殿下。

运用图像、树形图、表格理解记忆

归纳整理数学教室

4 立体图形的表达方式

| 领域 | 图形 | | 能力 | 概念理解能力 |

立体图形可以用示意图、投影图、透视图、展开图等来表达。

◆ 依照立体图形大致模样轮廓所画出来的图就叫作示意图。
看不见的棱一般用虚线来表示。

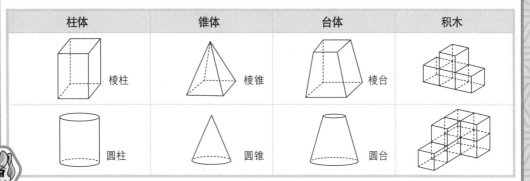

柱体	锥体	台体	积木
棱柱	棱锥	棱台	
圆柱	圆锥	圆台	

◆ 为了更加确切地将立体图形展示出来，可以想象它被一束平行光线照射着，就有了俯视图、正视图、侧视图这三种图。一般这三种图会如下图这样绘制在一起使用，被称为投影图。

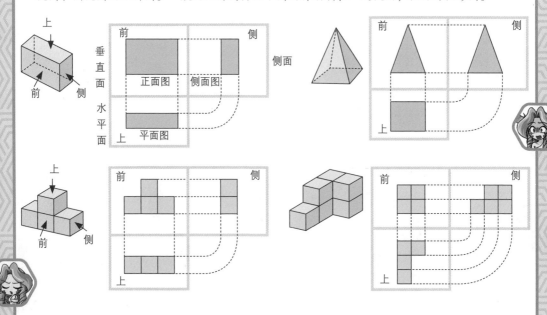

◆ 就如我们肉眼所看到的物体一样，能将立体图形的远近感呈现出来的图被称为透视图。（参考《冒险岛数学奇遇记41》第108页）

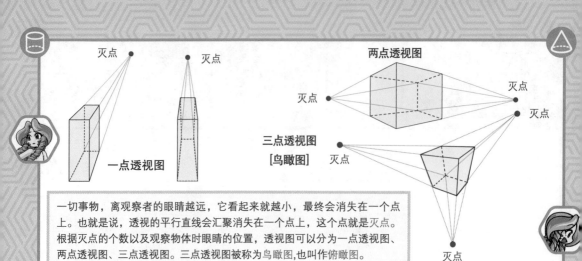

一点透视图

两点透视图

三点透视图
[鸟瞰图]

灭点

一切事物，离观察者的眼睛越远，它看起来就越小，最终会消失在一个点上。也就是说，透视的平行直线会汇聚消失在一个点上，这个点就是灭点。根据灭点的个数以及观察物体时眼睛的位置，透视图可以分为一点透视图、两点透视图、三点透视图。三点透视图被称为鸟瞰图，也叫作俯瞰图。

◆ 把立体图形沿着某条棱线裁剪展开成一个平面图形，这就是展开图。圆柱体、圆锥体、5 种正多面体的展开图已汇总整理如下表。

示意图	圆柱体	圆锥体	正四面体	正六面体	正八面体	正十二面体	正二十面体
展开图							

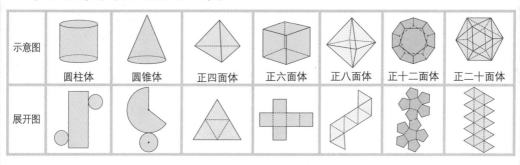

从上表中圆柱体、圆锥体的展开图来看，我们可以知道，由于它是围绕棱线构成的图形，所以即便侧面为曲面，它们展开后也是一个平面。不过，球体的情况就有所不同，无论它怎么裁剪展开都无法形成一个平面，所以它是没有展开图的。将斜圆柱体和斜圆锥体沿着棱线与底面周长裁剪后可得到右上这种展开图，这一内容请大家参考了解。

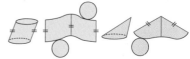

[参考] 正多面体截去顶点后所得的半正多面体（阿基米德多面体）及展开图

半正四面体	半正六面体	半正八面体	半正十二面体	半正二十面体
八面体	十四面体	十四面体	三十二面体	三十二面体
4 个正三角形 4 个正六边形	8 个正三角形 6 个正八边形	6 个正方形 8 个正六边形	20 个正三角形 12 个正十边形	12 个正五边形 20 个正六边形

197 希拉与蟾蜍管家的游戏

肯定没错，他们之间一定有什么。

呱 呱

蟾蜍管家！

舞女小姐……

只有我们两个人的时候，喊我女巫小姐就行了。

砰

是，女巫小姐。您吩咐*要的信息我已经收集齐了。

*吩咐：口头指派或命令。

说来听听。

玛尔公主有一段悲伤的往事。她与一位少年从小青梅竹马……

是吗？

可是，尼科王子却陷害了这位少年，强行让公主待在他身边。

啧啧……真是令人瞠目结舌。

还有更令人瞠目结舌的……请看一下这个。

？

这是那位少年的照片。

这不长得跟德里奇一模一样嘛！

正是如此。

我现在算是了解清楚了。

嘻嘻

蟾蜍管家，你知道我的梦想是什么吗？

那当然是让这片土地成为黑魔法的世界。为了实现这个梦想，您还选了德里奇来当您的帮凶*。

*帮凶：帮助行凶作恶的人。

我这个梦想最近陷入了死胡同。

我知道，我还知道是因为宝儿……

正确答案 ○（解析见第167页）

宝儿是一个十分可怕的少女。我曾经去找过她一次，想去吓吓她……

踊跳

表面上装得挺勇敢的，其实也不过是个小孩子。

好有意思啊！

都是因为宝儿，德里奇最近都不听我的话了。

虽然很舍不得，不过我也只能放弃德里奇了……

而且新的候选人，我也已经看中*了。

那就是尼科王子！

什么？

*看中：经过观察，感觉合意。

其实，比起善良的德里奇来说，尼科更加合适。看起来文质彬彬，却阴险狡诈、贪得无厌。这种人我一看就知道，毕竟我就是这样的人啊……

第197章-2
选择题

下列立体图形中，无法画出展开图的是哪个？

①三棱锥　②六面体　③圆锥　④圆柱　⑤半球

不是的，女巫小姐您外表看起来也很阴险。

你这家伙，真是的……

不过以尼科王子的身份，他会乖乖听女巫小姐您的话吗？

哈，有的是办法。

呵呵呵

正确答案

⑤（解析见第167页）

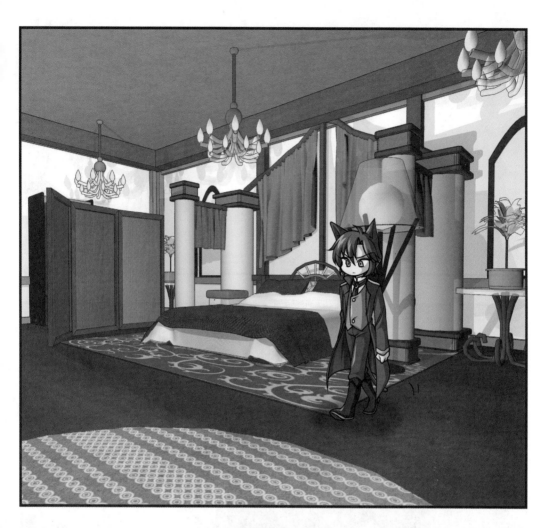

那个叫德里奇的家伙……

长得跟玛尔公主的好朋友太像了。

公主看他的眼神都不一样。

啊，我心情好差……

气愤

气愤

窗外怎么会有蟾蜍在叫……

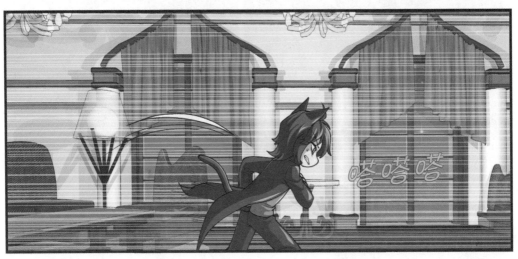

嗒嗒嗒

我明明看见有人走过去了……

下列选项中，能够呈现出远近感的图的是哪个？
①设计图　②透视图　③投影图　④展开图

②（解析见第 167 页）

跳跳　　嗖

嗒嗒嗒

究竟跑到哪里去了？

到处看

天哪，王子殿下……

希拉舞女……

您这是发生了什么事儿吗？脸色这么不好。

你刚才有看见玛尔公主和德里奇团长吗？

啊

啊，原来您看见了啊。我还以为您没见到呢……我也是吓了一大跳。

这么说你也看到了？

是的，他们两个人刚刚从这里走过去了。

咚

竟然敢在我的城堡里逛。

我一定会报仇的！我一定要把他们两个抓起来！

王子殿下，您这样做也只是报了一半的仇而已！

什么？

先让玛尔公主拿您当她最好的朋友，再将她抓起来，这才是真正的报仇啊，不是吗？

说……说得是没错，但是他们两个从小就认识啊。

这药要在开封后1分钟之内喝下去，才能发挥出药效*。您还是赶紧……

等等……

虽然，我对你的话很感兴趣，但是让我就这样喝下成分*不明的药……

为难

*药效：指某药物在用药后对机体产生一定强度的药理效应。 / *成分：构成物体的个体物质。

您不愿意就算了！
您还是去把德里奇跟玛尔抓起来行刑*吧！

怒气

*行刑：执行刑罚，有时特指执行死刑。

到时候只怕全世界都知道这事儿喽？哈哈哈……真丢人啊，丢死人了！

希拉舞女，你给我时间考虑一下……

嗒

嗒

嗒

嗒

第197章-4
填空题

将平面图（俯视图）、正面图（正视图）、侧面图（侧视图）这三种图绘制在一起的图被称为（　　　）。

这可没时间考虑了。这药开封1分钟之后就会失去药效。现在只剩5秒钟了吧……

呃

抢

咕噜

蒙

女巫小姐，成功了！

没错。

跳跳

正确答案　投影图（解析见第 167 页）

现在你要效忠于我了。
哈哈哈哈哈哈……

呸呸呸

那玛尔跟德里奇，
您打算怎么处理呢？

给玛尔喂药，我要
让她跟尼科一样成
为我的傀儡。

那德里奇呢？

德里奇，我另有他用。
我有一个非常妙的计划……

嘻嘻

5 立体图形的测量

| 领域 | 图形 / 计量 | 能力 | 概念理解能力 / 理论应用能力 |

立体图形的棱长、表面积、体积都是与计量有关的。常使用的长度单位有mm、cm、m、km，面积单位有mm²、cm²、m²、km²，体积单位有mm³、cm³、m³。[1L=1000 cm³，即为1000cc（cc，cubic centimeter=cm³）]

我们已经知道，假设一个长方体（直平行六面体）的长为 a cm、宽为 b cm、高为 c cm，那么它的体积可以用 $a \times b \times c$（cm³）来表示。如 [图1] 所示，一个底面和高都与这个长方体相同的四棱锥，又该如何求出它的体积呢？

答案为棱锥的体积 = 棱柱的体积 $\times \frac{1}{3}$。无论是底面为多边形的棱柱，还是底面为圆形的圆柱，只要它们的形状和大小相同（全等）且高相等，那么这个公式就成立。这个公式的数学原理可以从下面的 [参考] 中得到证明。

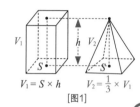

$V_1 = S \times h$ $V_2 = \frac{1}{3} \times V_1$

[图1]

[参考] 如右图所示，一个直三棱柱可以分为I、II、III三个三棱锥。由于I和II的底面积与高都相等，根据下面的卡瓦列里原理可得它们的体积也相等。在I与III当中，长方形ABED被对角线BD所平分，所以△ABD、△EDB为两个全等三角形，因此这两个棱锥底面相同且高相等，可得体积也相等。即，三棱锥I、II、III的体积都相等。因此，我们可知直三棱柱的体积为三棱锥I的3倍。由此类推，底面积与高相等的棱柱和棱锥都适用下面这两个公式。

棱柱的体积=底面积×高，棱锥的体积=$\frac{1}{3}$×棱柱的体积。

卡瓦列里原理
在空间中，如果两个立体图形夹在两个平行平面之间，并且为任意平行于这两个平行平面的平面所截时，截得的截面的面积都相等，那么这两个立体图形的体积相等。

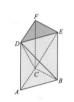

堆放起来的硬币　　　直圆锥　　　斜圆锥

从现在开始，我们来了解一下球体的体积与表面积吧。如右图这样，一个底面圆的半径为 r、高为 r 的圆柱体，和半径为 r 的半球体，以及底面为圆柱体的上底面且顶点位于圆柱体底面圆心处的倒圆锥，三者重叠在一起的时候，可得圆柱体挖去圆锥后所剩几何体的体积 = 圆柱体的体积 - 圆锥的体积 = $\pi r^3 - \frac{1}{3}\pi r^3 = \frac{2}{3}\pi r^3$。

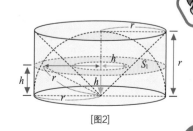

[图2]

然后我们再来看看圆柱体挖去圆锥后，所剩的几何体与半球体，因为在等高（h）处被平面所截出的两个截面的面积相等，根据卡瓦列里原理，可得这两个立体图形的体积也是相等的。

根据中学课程当中学到的关于直角三角形的勾股定理，由于半球体的截面（圆）的半径为 $\sqrt{r^2-h^2}$，所以在任意高度 h（$0 \leq h \leq r$）黄色环形的面积 $S_1 = \pi r^2 - \pi h^2$，半球体截面的面积 $S_2 = \pi (\sqrt{r^2-h^2})^2 = \pi (r^2-h^2)$，且 S_1 与 S_2 相等。

由卡瓦列里原理可证，挖去圆锥后所剩几何体的体积与半球体的体积相等，都为 $\frac{2}{3}\pi r^3$。

因为半球体的体积 $= \frac{2}{3}\pi r^3$，所以球体的体积 $= 2 \times$ 半球体的体积 $= \frac{4}{3}\pi r^3$。

[参考][图2]中的圆柱体、半球体、圆锥体的体积比为 3：2：1。

假设球体的整个表面可以分成无数个右图这样的小正方形，那么就可以把整个球体想象成一个由无数个顶点为球心的四棱锥组成的几何体。四棱锥的高为 r，设这些四棱锥的底面积分别为 S_1、S_2、S_3……，则 $S_1 + S_2 + S_3 + \cdots\cdots =$ 球体的表面积，无数四棱锥的体积之和 = 球体的体积。

即，球体的体积 $= \frac{4}{3}\pi r^3 = \frac{1}{3}rS_1 + \frac{1}{3}rS_2 + \frac{1}{3}rS_3 + \cdots\cdots$
$= \frac{1}{3}r(S_1 + S_2 + S_3 + \cdots\cdots)$
$= \frac{1}{3}r \times$ 球体的表面积。

由此可证，球体的表面积 $= 4\pi r^2$。

[参考] 我们在证明锥体的体积、球体的体积、球体的表面积的时候，是不能使用放入沙子或水算出体积或利用胶带算出面积来进行论证的，因为它们都不是数学论证方法。我们在中学所学到的与锥体的体积、球体的体积、球体的表面积有关的公式才能在这里用作证明，这一点希望大家谨记。

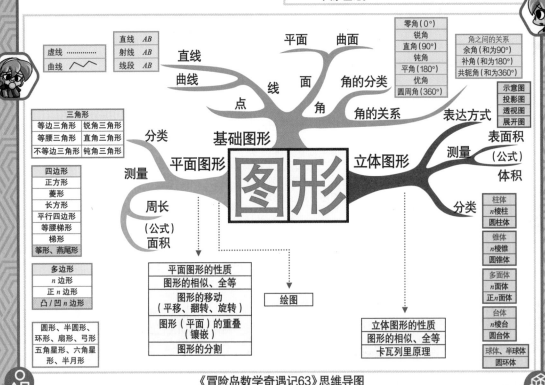

《冒险岛数学奇遇记63》思维导图

198 解开了 千年密码

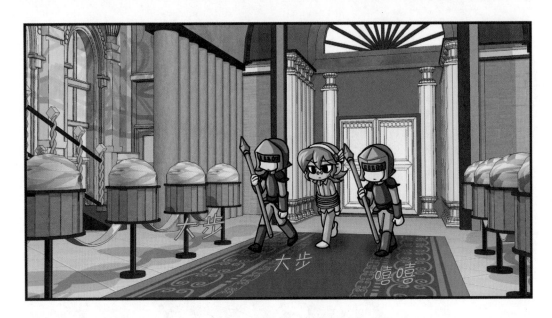

王子殿下，您这是干什么？我是犯了什么罪吗？

厚颜无耻之徒，你以为我不知道昨晚你和玛尔公主偷偷在院子里吗？

暴怒

什么？

原来你已经铸成大错了。

你们这是怎么了？是你们在做梦？还是我在做梦啊？

诧异

公主，你来说吧。

呜咽

好……

他把我喊到庭院，跟我说有话对我说。

*抵赖：指用谎言和狡辩否认所犯的过失或罪行，拒绝承认或认可。

都这样了，你还想抵赖*吗？

要不你还是替自己辩解一下吧。

正确答案　×（解析见第 167 页）

大家怎么都还没有起来呀？要是没人管我的话，我是能一直睡下去的……

小时候，我还连续睡过一个月呢。

伸懒腰

第198章-2
选择题

下列选项当中，计算体积时不需要使用圆周率（π）的立体图形是哪个？
①圆柱体　　②半圆柱体　　③球体　　④圆锥体　　⑤六棱锥

第198章　145

正确答案　⑤（解析见第 167 页）

我是希拉女巫的魔法奴隶，只能回应*她一个人的召唤。可是现在是怎么回事儿？为什么宝儿也能召唤我出来！

震惊

*回应：指对提问、请求、要求等进行回话、响应、应和。

现在回去也不晚。

嗒嗒嗒

你去哪儿？我有事儿要问你呢……

顿住

你算什么东西，竟然也敢问我问题！

哼

碎

＊营地：指军队驻扎的场所。

请您随便问，宝儿大人。

你还挺亲切啊。

跪倒

我们的营地＊为什么一个人都没有了啊？

神龙雇佣兵团已经解散*了。

什么？

那团里的雇佣兵呢？

*解散：指取消团体或集会。

他们已经被编入*尼科王子殿下的亲卫队了。不再是拿钱战斗的雇佣兵，而是忠于王子的臣子了。

*编入：指列入某一团体或队列。

那希拉舞女呢？

她现在成了皇室的舞女，伺奉尼科王子呢。

第198章-3
选择题

底面为圆形（半径为 r），高为 r 的圆柱体与半球体的体积比为多少？

①2：1　②3：1　③π：1　④3：2　⑤4：1

那德里奇团长呢？

呵呵

他嘛……

紧张

肯定已经陷入不幸了吧。

你是怎么知道的？

说说看吧。团长他到底怎么了？

他被关进了猫之城那个有名的地下监狱，一个活人永远无法逃离的地方。

正确答案　④（解析见第167页）

我的天哪……

嫉妒这种东西真的是太可怕了。

啊？

其实……尼科王子殿下不是坏人。

啊？

他只是嫉妒德里奇。

于是他就下定决心，要将德里奇碎尸万段！

上天啊，千万不要伤害德里奇。

走吧，蟾蜍管家。

啊？
去哪里呀？

猫之城的地下监狱！

知道了。我给您画一幅地图吧。

不，我要你给我带路。

那个地方很好找的。只要在猫之城问一下地下监狱在哪里就可以了……

你为什么就是不懂我的意思呢？

我去猫之城的话，不就会见到尼科王子嘛。我怎么能这样呢……

王子殿下要是见到我，岂不是会很激动？你为什么这么残忍？难道你们蟾蜍都是这样的？

生气

可是，不管怎么样，要去猫之城地下监狱都得先去猫之城啊……

不行！

一般来说，地下监狱肯定会有别人不知道的秘密通道。你都不看漫画的吗？

猫之城外一定有一个能进入地下监狱的秘密通道！

那个，是这样的……既然这个秘密通道别人都不知道，那我也不知道啊？

不，你知道！

你知道的！

我向天发誓，我真的不知道！

天哪

你知道，你好好想想。

我不知道的事情，我要怎么想起来啊？

测地线（解析见第 167 页）

正确答案

我听说血液循环好的话，脑子就运转得快。

嘻嘻

我会用这个给你来个全身按摩，直到你想起来为止。按照脑袋、肩膀、膝盖、脚趾的顺序……

全身

发抖

请给我一点时间，我去问问其他的蟾蜍。

你一定要回来呀，而且还得快点回来……

不久后

我打听到了。

冒出

我还画了一幅简易的地图给你。

我一秒钟都不想跟这个人再待在一起了！

我看起来像是能看懂简易地图的人吗？我连字都不认识。

对……对不起。

所以，我要你直接带我过去。

尴尬

就是这里了。能从城外直接潜入*地下监狱的秘密入口！

*潜入：指秘密进入某个地方。

我就说了吧，你明明知道……

这都是其他蟾蜍告诉我的。我自己是不知道的。

哼

不过，我觉得您看到了这些之后，应该会立刻放弃的。

为什么我要放弃？

正如您所看到的，这里有一块巨大的石头挡在门前……

锁着呢。

打碎就好了，
您连巨石都能
挪开……

将这两个日期写在门上，门就能打开了。

思索

这个问题太难了，我解不出来。

你放弃得也太快了吧！你再慢慢想一想，推算一下。

这要怎么推算啊？

首先这样……

这道题目的答案肯定是数字，对吧？

这倒是没错。

那我就先把我知道的数字写上去好了。

咚

这位少女，你真是聪明啊。我的生日是12月31日，而今天是1月1日。两天前，也就是12月30日，那时我990岁；昨天是我的生日，我991岁了；今年12月31日我992岁；明年12月31日我就是993岁了。

一千年来都没人能破解的密码，被你给破解了。你真是了不起啊……

嘎吱

猫之城的地下监狱究竟是一个什么样的地方呢?

敬请期待《冒险岛数学奇遇记》第64册!

193 章 -1

解析 在球的表面画线，通常画出来的都是曲线。也就是说，球面上是画不出直线的。不过，对于圆柱体或圆锥来说，虽然它们的侧面为曲面，但是却能在上面画出直线。

193 章 -2

解析 假设正方形的边长为 x cm，那么周长就为 $4x$ cm，面积就为 x^2 cm^2。由于周长与面积的值相同，即 $4x=x^2$，可得 $x=4$，所以正方形的边长为 4 cm。

193 章 -3

解析 当直角三角形的两条直角边分别为 a、b，且斜边为 c 的时候，满足 $a^2+b^2=c^2$，这一定理被称为勾股定理，这个定理是由希腊的著名数学家毕达哥拉斯发现的，因此世界上许多国家都称勾股定理为"毕达哥拉斯定理"。

193 章 -4

解析 连续而不间断的线叫作实线，由点或非常短的线段画成的线叫作虚线。

194 章 -1

解析 由于射线和直线都是无限延伸的，所以无法测量其长度，因此也就无法对比两者的长度。但线段是有限的，所以它的长度是可以测量的。

194 章 -2

解析 若两角之和为 90°，那么这两个角互为余角，它们之间的关系就是互为余角关系。

194 章 -3

解析 若三个以上的点位于同一条直线上，那么这些点被称为共线点；若三条以上的直线交汇于一个点，那么这些直线被称为共点线。

[解析] 同位角、内错角等都是在两条直线与一条截线相交时，用来描述这些角之间关系的术语。例如，分别以两个交点为基准，位于同一边的两个角就是同位角。

第 195 章 -1

[解析] 只有当三角形的三个角都为锐角的时候，才能被称为锐角三角形。另外，如果有一个角为 90°，则是直角三角形；如果有一个角大于 90°，就是钝角三角形。

第 195 章 -2

[解析] 因为九棱台有 9 个侧面（梯形）和 2 个底面（上下底面都为九边形），所以一共有 11 个面。

第 195 章 -3

[解析] 正多面体只有正四面体、正六面体、正八面体、正十二面体、正二十面体这 5 种。

第 195 章 -4

[解析] "等腰"就是两条边长度相等的意思，所以这种三角形被称为等腰三角形。如果三条边的长度全都相等，就叫作等边三角形，也被称为正三角形。当三条边长度都不一样的时候，就为不等边三角形。

第 196 章 -1

[解析] 在已知这个条件及圆周长为 $2\pi r$ 的情况下，我们来求一下圆的面积吧。

现将圆周长用点分为 n 等份，并连接圆心与这些点，于是圆就被平分为 n 个非常细的等腰三角形。假设它们的底边分别为 l_1、l_2、……、l_n，高为 r，当 n 无限增大的时候，那么 $\frac{1}{2} \times l_1 \times r + \frac{1}{2} \times l_2 \times r + \cdots\cdots + \frac{1}{2} \times l_n \times r$ 就会无限接近于圆的面积。

由此可得，圆的面积 $= \frac{1}{2} \times (l_1 + l_2 + \cdots\cdots) \times r = \frac{1}{2} \times$ 圆周长 $\times r = \frac{1}{2} \times 2\pi r \times r = \pi r^2$。

第 196 章 -2

[解析] 若是圆被一条直线（割线）所截，则会得到两个弓形（一个大的弓形和一个小的弓形）。由弦及其所对的弧组成的图形叫作弓形。

第 196 章 -3

[解析] 长方形的面积等于长乘宽，菱形、筝形、燕尾形的面积公式我们在数学教室已经学习了。正方形的面积可以用两条对角线的乘积乘 $\frac{1}{2}$ 来表示。

解析 圆周长与直径的比被称为圆周率，符号为 π。

解析 展开图折起来就是立体几何体，因此展开图的面积与对应的立体几何体的表面积是相等的。

解析 如果一个立体图形能够沿着棱线裁剪展开成一个平面，那么这个立体图形就能画出展开图。球体和半球是画不出展开图的。

解析 能够呈现出远近感的图被称为透视图。

解析 投影指的是用一组光线将物体的形状投射到一个平面上去。在该平面上得到的图像，也称为投影。一个物体的三视图绘制在一起的图被称为投影图。

解析 cm³ 的英语为 "cubic centimeter"，简写为 "cc"，所以 "cm³" 与 "cc" 是一样的单位。

解析 在求底面为圆的柱体或锥体以及球体的体积时，是需要使用到圆周率 π 的。不过，由于棱锥的底面为多边形，所以在求体积的时候不需要用到圆周率 π。

解析 由于圆柱体的体积 = 底面积 × 高 $=\pi r^3$，半球的体积 $=\frac{2}{3}\pi r^3$，所以圆柱体的体积与半球的体积比为 $\pi r^3 : \frac{2}{3}\pi r^3 = 1 : \frac{2}{3} = 3 : 2$。

解析 一般来说，在曲面上连接两点的最短曲线就被称为测地线。